GUIDE DE L'ENTREPRENEUR

NASSRALLA HANI

DE BEYROUTH (Syrie).

Entreprise de voyage pour les pays du Levant.

Renseignements, itinéraires et prix général pour voyager dans la Palestine, la Syrie, l'Égypte et le Haut-Nil.

LE GUIDE

NASSRALLA HANI

TERRE PROMISE.

En Palestine et en Syrie MM. les voyageurs parcourent les pays à cheval et la nuit dorment sous la tente. Il n'y a aucun pays dans le monde où se trouvent de telles organisations. Ainsi le voyage dans cette région qui est si intéressante et si glorieuse est digne d'être très rappelé dans la mémoire des visiteurs.

Les touristes qui sont intéressés à connaître l'histoire aussi bien que les Lieux Saints doivent avoir une Bible entre les mains. Le guide Nassralla Hani, désigne admirablement les routes et les monuments historiques

Temps préférables.

La saison la plus favorable pour parcourir ces pays, est le printemps. Les voyageurs qui ont l'intention de visiter la Palestine, la Syrie et l'Egypte, feront mieux de choisir les mois de décembre, janvier et février pour le voyage de l'Egypte et le Haut-Nil ; mars et avril pour le voyage de la Palestine et de la Syrie, qui sont les mois les plus agréables pour visiter cette intéressante région.

Ce voyage est aussi beau en octobre et en novembre, époque à laquelle il est mieux de débarquer à Beyrouth en venant par l'Autriche, la Hongrie, la Roumanie, Varna et Constantinople. Ainsi, en débarquant à Beyrouth, on commence par visiter la Syrie et la Palestine, ou le voyage se termine à Jérusalem ou à Jaffa, pour se rendre en Egypte.

Monnaie.

La monnaie courante et aussi la plus connue en Orient, surtout parmi les commerçants et les indigènes, c'est l'or français et l'or anglais, qui sont les pièces de vingt francs et la livre sterling qui vaut vingt-cinq francs. Les billets de banque depuis cent francs, jusqu'à mille francs ; les billets anglais depuis cinq livres sterling jusqu'à vingt-cinq.

Passe-port.

Il est absolument nécessaire de porter avec soi un passe-port, parce que dans tous les ports d'entrée, soit en Turquie, soit en Egypte, on le demande pour être révisé. Il est aussi utile pour les visites de certaines places qui sont interdites au public.

Habillement.

Il est mieux et préférable dans le voyage de se débarrasser des bagages qui ne sont pas nécessaires, toutefois, il faut en avoir suffisamment lorsque le voyage doit durer au moins quatre mois ; toujours des vêtements éclairés, légers et doux, une botte forte et un chapeau de feutre coiffé d'un foulard blanc. Les dames sont priées de prendre des costumes de laine, et qui ne soient pas lourds ; des mousselines en soie d'une couleur verte pour garantir la figure de la chaleur du soleil.

1° Itinéraire.

La principale route scénique dans l'histoire et aussi la plus pittoresque commence au Caire. d'où on se rend à Suez ; de là on traverse la mer Rouge pour prende la route qui va par le mont Sinaï, terre arabique de Pétrée, le mont Har, Hébron et Jérusalem. Ce voyage demande quarante jours, on l'appelle voyage du grand désert. Les étapes sont régulières ; on monte sur les chameaux qui franchissent huit à dix heures par jour. L'arrangement dudit voyage doit être organisé au Caire. Le prix s'élève à peu de différence de celui de la Palestine, dont il diminue suivant le nombre des voyageurs.

2ᵉ Itinéraire.

Pèlerinage de dix jours en Judée ; on débarque généralement à Jaffa, route de 50 kilomètres jusqu'à Jérusalem, 12 heures à cheval. La route va par la plaine de Charon, Yazour, Beït-Dayan, Ramléh, la vallée d'Ajallon, Abougauche, Cité de Jérémie, Emmaüs, Aloniah, Jérusalem.

Deux jours de visite à Jérusalem ; le 5ᵉ jour à Hébron, 6 heures, par Beït-Lehem. Le 6ᵉ jour à Mar-Saba, 7 heures, par la vallée de Cédron. Le 7° jour à Jéricho, 8 heures, par la mer Morte et le Jourdain. Le 8ᵉ jour, retour à Jérusalem, par Ouadi-el-Kolt, fontaine des Apôtres, Béthanie, mont des Oliviers et Jérusalem. Le 9° ou le 10° jour, retour à Jaffa et au bateau.

3ᶜ Itinéraire.

Pour la Samarie, Galilée, mont Carmel, Caïfa, Saint-Jean d'Acre, Tyr, Sydon et Beyrouth, sont onze jours de Jérusalem jusqu'à Beyrouth. Départ de Jérusalem à Béthel, 6 heures, par Chafad, Beït-Hanina, Behroth, etc. De Béthel à Nablous ou (Sichem), 9 heures ; par Ouadi-el-Tin, Chiloch, Libanos, puits de Jacob, le mont des Samaritains, le mont Ebal, etc., de Nablous à Djenîn, 8 heures, par Sebastie, Sanour, Jébah, Dothan, etc.

De Djenîn à mont Thabor, 6 heures,
par Gézrel, fontaine de Gédéon, Sonam,
Aindor, Déborath, et Thabor. Du mont
Thabor à Tibériade (ou mer de Galilée),
6 heures par Cana, Loubiéh, mont de
Béatitude, etc. De Tibériade à Schefa-
Amr, 9 heures, par la vallée de Kichon
Hamamat, la plaine, etc. De Chefa-Amr
au mont Carmel, 6 heures, par Behjéh,
Caïfa et le mont Carmel ou (cité de Saint
Elie). Du Carmel à Saint-Jean d'Acre,
4 heures. De Saint-Jean d'Acre à Tyr,
7 heures, par Ezîb, Nakoura, ruine
d'Escanderoum, Ras-el-Ain et Tyr (ou
Sour). De Sour à Sidon, 7 heures, par
la cité des Phéniciens, Gilbon, El-kan,
Nahr-el-Kasmièh, El-Koudr, Serepta,
ou (l'ancien Zarephate), etc. De Sidon à
Beyrouth, 9 heures, par Néby-Jounas,
El-Damour, Khan-Khaldée, etc.

4⁰ Itinéraire.

Il commence de Jaffa jusqu'à Beyrouth,

il parcourt la Judée, Jéricho, Nazareth, mont Thabor, Galilée, mont Herman, Anti-Liban, les pays des Druses, Damas, plaine de Boukaa ? Baalbeck, le mont des Cèdres , les pays des Maronites , mont Sanîn, Vallée de la Croix, rivière du Chien et Beyrouth.

Ce dernier itinéraire est le mieux choisi, il traverse presque toute la province de la Syrie, et parcourt tous les lieux historiques. Cette tournée demande 35 jours, le voyage est aisé, les voyageurs ne sentent pas les fatigues des courses.

Désignation des étapes pour ledit itinéraire

Départ de Jaffa à Latroun 5 heures 1/2 Latroun à Jérusalem 5 heures 1/2. Visites dans Jérusalem et ses environs 4 jours. Jérusalem à Hébron 6 heures, Hébron à Bethléem 5 heures. Bethléem à Saint-Saba , 4 heures. De Saint-Saba à Jéricho 8 heures. Jéricho à Jérusalem

6 heures. Un dernier jour de séjour à Jérusalem. Départ pour la Samarie, première étape à Béthel 6 heures. Béthel à Nablous 8 heures 1/2. Nablous à Djénin 7 heures, Djénin à Caïfa ou mont Carmel 9 heures. Du Carmel à Nazareth, 7 heures Nazareth à Beyssan (ou capitale des Phéniciens et des Romains) 8 heures. Beyssan au mont Thabor 7 heures 1/2. De mont Thabor à Tibériade 6 heures. Dans ce point du départ nous avons deux routes pour aller à Damas, une en 4 jours et l'autre en 7 jours. Cette dernière est plus remarquable. D'abord à Saffed 5 heures. De Saffed à Meiss-El-Gebel 6 heures, Meiss-El-Gebel à Banias 7 heures. Banias à Hasbayâ 7 heures. Hasbayâ à Rachaya-el-Ouâdy 7 heures. Rachaya à El-Dimas 7 heures, El-Dimas à Damas 5 heures. La première route va par Aïn-Mallaha, étape de 8 heures. Aïn-Malahâ à Bania 7 heures. Bania à Kafr-Hamar 9 heures. Kafr-Hamar à Damas 6 heures.

Le séjour dans la ville de Damas, qui est la capitale de la Syrie, dépend du choix des visiteurs ; toutefois quatre jours sont assez suffisants.

De Damas à Baalbeck, les Cèdres du Liban, pays des Maronites vallée de la Croix et Beyrouth.

Départ de Damas pour Zebdanéh 8 heures 1/2 Zebdanéh à Baalbeck 8 heures. Baalbeck à Aîn-a-ta 6 heures. Aîn-ata aux Cèdres du Liban et Hassroun 6 heures 1/2, Hassroun à El-Akoura 8 heures. Akoura à Rayfoûn 9 heures. Rayfoûn à Beyrouth 6 heures.

Palmyre.

Le voyage de Palmyre sera organisé à Damas, il met 15 jours jusqu'à Beyrouth, on passe presque toute l'extrêmité septentrionale de la Syrie, dont on va par Hamah, Homs et Baalbeck ; de là aux pays des Maronites et à Tripoli, ou par la plaine de Boukaa, mont Sanîn, et Beyrouth. Dans ce voyage on ne détermine pas les lieux du campement que lorsque on entreprend ladite tournée, parce que les sources d'eau sur la route sont rares.

La ville de Palmyre (ou Todmor) est située dans un plein désert de Saharah sur la direction d'est ; ainsi cette pleine immense est sous l'autorité du Chekis-Sakr-el-Hally, chef de la Tribu du même nom : celui-ci s'engage de laisser passer libre la poste otomane qui venait régulièrement de Bagdad à Damas dont la plaine est la route principale, la poste fait ladite route en quatorze jours.

Route pour le Hauran et les Pays des Druses.

Le Hauran est une contrée dépourvue, il est situé dans le centre du désert de la

Syrie, il est habité par diverses tribus de Bédouins qui sont mêlés avec les Druses, ceux-ci habitent une partie dans le voisinage. Le voyage dans cette contrée est un peu plus difficile que celui de la Terre-Sainte. Notre route commence par Damas qui est réglée pour 11 jours, aller et retour.

1er jour à Baurak, étape de 8 heures, on passe par Najha, Nahr-el-Awaj). 2me jour à Damâ 8 heures, par Mousmèh, Chaârah, etc. 3me jour à Um-El-Zeitoun 7 heures, par Deir-Dama, Telel-Amara, etc. 4me jour à Schahbaâ, 8 heures, par Bathanièh, El-Chouka. Le 5me jour à Hébran, 7 heures, par Salayem Anawat, Souaydeb, etc. 6me jour à Salèh 8 heures, par El-Koufr, Sêhouéh, etc. 7me jour à Bosrah 8 heures par Ourman ancien (Philopolis) Sulkad. 8me jour à Derra, 7 heures, par Ghusam, Adraha. Le 9me jour à Mujeidel 8 heures, par Mezarib, Eldahra, etc. 10me jour à Késsouch 7 heures, par Snéman, Deïr- Denoûm, etc. Le 11ᵐᵉ jour retour à Damas 6 heures par Achrafièh, El-Kadem, la plaine et Damas.

Route pour la terre de Moad.
et le mont Nébo.

Le tour de Moab demande 12 jours jusqu'à Tibériade ou (mer de Galilée). Le point du départ est Jérusalem. 1ᵉʳ jour à Mar-Saba 5 heures par Beït-Léhem. 2ᵐᵉ jour au Jourdain, 7 heures. 3ᵐᵉ jour à Hesban, 7 heures, par le mont Nébo. 4ᵐᵉ jour, excursion aux ruines de Sodome et Amora, le mont Nébo et retour au campement. 5ᵐᵉ jour à Rabat-Amoûn, 7 heures ; 6ᵐᵉ jour à Jérache, (*ancien Gérasa*), cette étape est 13 heures ; on campe à la place où on trouve l'eau où elle sera faite en deux étapes. 8ᵐᵉ jour à Ouady-Yabs, 7 heures. 9ᵐᵉ jour à Um-Keiss, 7 heures. 10ᵐᵉ jour à Beït-Syda le Désert, 7 heures, par El-Houssen. 11ᵐᵉ jour à Tibériade, 7 heures, par la ruine de Choreizon, Capernahoum, Khan-Minièh, etc. De Tibériade à Damas 4 jours ; à Jérusalem 5 jours, ou pour embarquer à Caïfa 2 jours.

Des divers itinéraires et prix, soit en Palestine et Syrie, soit en Egypte, peuvent être choisis et organisés entre MM. les voyageurs et le guide entrepreneur, Nassralla Hani de Beyrouth Syrie.

Prix général à l'exception du voyage de Palmyre, du Hauran, de la terre arabique de Pétrée et celui du Moab.

Pour 1 personne coûte par jour. . . . . . 60 fr.
Pour 2 personnes . . . . : . . 95 fr.
Pour 3 personnes . . . . . : . . . . .115 fr.
Pour 4 personnes . . . . , . .145 fr.
Pour 5 personnes . . . . , . . .165 fr.
Pour 6 personnes . . . . . . , ...185 fr.
Pour 7 personnes . . . . .200 fr.
Pour 8 personnes . . . . .220 fr.

Dans ces prix indiqués chaque voyageur trouvera le meilleur confort ; qui est fort rare dans les contrées, on aura de bonnes tentes qui seront garnies de tapis

de perse, des lits de fer, matelas, ta-
bles,chaises, de bons chevaux avec selles
anglaises, cantine, etc. Tous ces maté-
riels sont dans les meilleurs états ; le
guide Nassralla Hani fournira également
ment les provisions de bouche, un cuisinier, domestiques, muletiers, etc. Le
déjeuner du matin se composera de café ou thé au lait, de pain frais, beurre,
confitures et œufs à la coque ou sur le
plat . Dans la halte de midi on aura au
déjeuner hors d'œuvres, œufs durs, viande froide, volailles, fruits, fromage, vin,
café, etc. Le dîner sera composé d'une
soupe, deux plats de viandes, deux
plats de légumes, entremets, desserts,
etc. On aura également de la limonade
ou thé sans extra.

Si une caravane est composée de 15
personnes pour faire un voyage dans la
Palestine et Syrie, voyage qui sera au
moins de trente jours, le prix de la tournée est 700 fr. par personne, soit 22 fr.

par jour. Ces messieurs et dames en caravane seront également servis et soignés comme dans les premières conditions. Ainsi les pourboires ou Backchiche et toute dépense prévenue seront à la charge du Drogman.

Prix des voyages à l'exception des tentes, matériels, etc.

La personne qui désire parcourir les pays seule soit en Palestine, soit en Syrie.

Pour 1 personne coûte par jour: . . .	35 fr.
Pour 2 personnes	60 fr.
Pour 3 personnes	80 fr.
Pour 4 personnes	95 fr.
Pour 5 personnes	110 fr.
Pour 6 personnes	125 fr.

Dans ces prix indiqués chaque voyageur aura un bon cheval bien sellé, un lit propre, et une chambre au village où on doit passer la nuit. Le matin avant de se mettre en route, il y aura un café ou thé au lait, pain, beurre, confiture.

Le déjeuner de midi sera composé de hors-d'œuvres, des œufs durs, viande froide, dessert, vin, pain, une tasse de café chaud. Le dîner, une soupe, un plat de viande ou poulet rôti, un plat de légumes, un entremet, fruits, etc.

Si les voyageurs ont l'intention de séjourner dans certaines places historiques ou ailleurs ; le prix reste toujours le même ; c'est à la 2me semaine du séjour qu'on aura une diminution de 10 fr. par jour sur le prix convenu.

A ces conditions le Drogman entrepreneur organise le départ et exécutera dans le voyage toute stipulation prise sur sa responsabilité.

ADRESSES PERMANENTES.

BEYROUTH (*Syrie*). NASSRALLA HANI, Drogman Maronite.

Caire (*Egypte*). Nassralla Hani, Drogman « Schepeard's Hôtel. »

Paris. Nassralla Hani, Syrien. 38, rue de Laborde, ou 4, rue Tournon, chez l'abbé Gally et à l'association de l'œuvre de Saint-Louis 6, rue Furstemberg.

Renseignements : Itinéraire, et prix général pour voyager en Egypte, guidé par l'entrepreneur Nassralla Hani de Beyrouth, Syrie.

(Egypte).

Les excursions en Egypte ont tout à fait un autre mode de voyage. On commence par visiter les villes principales comme le Caire, Mansourah, Tanta, Damiette, Suez, Port-Saïd et Alexandrie. On trouve dans toutes ces localités des hôtels qui ont à peu près les mêmes conforts que ceux de l'Europe, puisque le chemin de fer parcourt tout le delta, et se dirige vers la Haute-Egypte jusqu'à Assiout; toutefois il est utile d'avoir un guide pour ınterpréter aux visiteurs les descriptions des pays.

Le voyage de la Haute-Egypte a une organisation et un itinéraire qui sont modifiès de ceux de la Syrie. Il faut s'entendre avec l'entrepreneur soit pour un voyage au moins d'un mois, soit pour deux, soit pour trois mois. Le voyage de trois mois dans la vallée du Nil, nous mène jusqu'à la troisième cataracte et retour au Caire ; on commence par visiter les Pyramides de Chiopes, Memphis, ville de Minièh, Roda, Syout, Abidos ou (temple de Siti), temple de Dandarah, Kénéh, Thèbes, Luxor, Karnack, Esneh, temple d'Edfou, Gebel-Silcileh, Assouan, première cataracte, l'île de Philée, Dabod, Garf-Hossein, Dakka, Karosko, Abou-Sombul, Ouady - Halfa deuxième cataracte, Ancache, Sarass troisième cataracte.

On fait ledit voyage sur un bateau à voile, que l'on appelle « *Dahabiah.* » Ces bateaux qui stationnent sur la rive du musée de Boulak, sont nombreux, ils naviguent admirablement bien, surtout lorsque le vent est favorable à la portée. Ainsi l'entrepreneur louera le bateau qui sera choisi, il fournira les provisions de bouche, un cuisinier, domestiques, etc, la nourriture sera préparée sur le menu.

Un voyageur qui veut monter le Nil sur un bateau qui sera à sa disposition et comprenant tous les frais excepté le vin et les pourboires.

Pour une personne coûte 1,800 fr. par mois, 2,800 fr. les deux mois, 3,800 fr. les trois mois.

Pour deux personnes 3,600 fr. par mois, 6.000 fr. les deux mois, 7,500 fr. les trois mois.

Pour trois personnes 4,000 fr. par mois, 6,500 francs les deux mois, 8,500 francs les trois mois.

Pour quatre personnes 4,200 fr. par mois, 7,000 francs les deux mois, 9,000 francs les trois mois.

—

Pour cinq personnes 4,500 fr. par mois, 7,200 francs les deux mois , 9,200 francs les trois mois.

Pour six personnes 4,800 fr. par mois, 7,500 francs les deux mois, 9,500 francs les trois mois.

Pour sept personnes 5,200 fr. par mois , 8,000 francs les deux mois , 10,000 francs les trois mois.

Pour huit personnes 5,500 fr. par mois , 8,500 francs les deux mois, 10,200 francs les trois mois.

Pour neuf personnes 6,000 fr. par mois, 9,500 francs les deux mois , 11,500 francs les trois mois.

Pour dix personnes, 6,200 fr. par mois, 9,800 francs les deux mois, 11,600 francs les trois mois.

Dans ces conditions formellement indiquées, les touristes auront un service de premier ordre, le bateau sera proprement tenu; il est formé d'une salle à manger, d'un salon de lecture et des cabinets à coucher qui sont parfaitement meublés; la cuisine est en première classe. Ainsi les dépenses, les montures pour les visites des monuments et les pourboires seront à la charge du Drogman.

Les voyageurs qui désirent autrement, c'est-à-dire par organisation stipulation? itinéraires, ou quelques autres routes exceptionnelles peuvent facilement s'entendre avec le soussigné entrepreneur, soit par correspondance, soit par arrangement verbal.

Nassralla Hani parle les langues européennes et orientales.

ADRESSES PERMANENTES.

Beyrouth *(Syrie)*. — Nassralla Hani, Drogman Maronite.

Caire *(Egypte)* — Nassralla Hani, Drogman « Schepeard's Hôtel. »

PARIS. — NASSRALLA HANI, Syrien, 38, rue de Laborde, où 4 rue Tournon, chez M. l'abbé Gally et à l'association de l'œuvre de Saint-Louis, 6 rue Furstemberg.

Paris. — Imp. G. TÉQUI, 92, rue de Vaugirard, 92